生命的旅程

毛毛虫长大了

（美）苏珊娜·斯莱德/文 （美）杰夫·耶什/图 丁克霞/译

北京时代华文书局

U0392431

图书在版编目（CIP）数据

毛毛虫长大了 /（美）苏珊娜·斯莱德文；（美）杰夫·耶什图；丁克霞译 . -- 北京：北京时代华文书局，2019.5
（生命的旅程）

书名原文：From Caterpillar to Butterfly

ISBN 978-7-5699-2957-7

Ⅰ . ①毛… Ⅱ . ①苏… ②杰… ③丁… Ⅲ . ①昆虫—儿童读物 Ⅳ . ① Q96-49

中国版本图书馆 CIP 数据核字（2019）第 033065 号

From Caterpillar to Butterfly Following the Life cycle

Author: Suzanne Slade

Illustrated by Jeff Yesh

Copyright © 2018 Capstone Press All rights reserved.This Chinese edition distributed and published by Beijing
Times Chinese Press 2018 with the permission of Capstone, the owner of all rights to distribute and publish same.

版权登记号 01-2018-6436

生 命 的 旅 程　毛 毛 虫 长 大 了
Shengming De Lücheng Maomaochong Zhangda Le

著　　者 |（美）苏珊娜·斯莱德 / 文；（美）杰夫·耶什 / 图
译　　者 | 丁克霞

出 版 人 | 王训海
策划编辑 | 许日春
责任编辑 | 许日春　沙嘉蕊　王　佳
装帧设计 | 九　野　孙丽莉
责任印制 | 刘　银

出版发行 | 北京时代华文书局 http://www.bjsdsj.com.cn
　　　　　北京市东城区安定门外大街 138 号皇城国际大厦 A 座 8 楼
　　　　　邮编：100011 电话：010-64267955 64267677
印　　刷 | 小森印刷（北京）有限公司　　电话：010 — 80215073
　　　　　（如发现印装质量问题，请与印刷厂联系调换）
开　　本 | 787mm×1092mm　1/20　　印　张 | 12　字　数 | 125 千字
版　　次 | 2019 年 6 月第 1 版　　印　次 | 2019 年 6 月第 1 次印刷
书　　号 | ISBN 978-7-5699-2957-7
定　　价 | 138.00 元（全 10 册）

五彩斑斓的 "飞行家"

　　美丽的蝴蝶点缀着我们的天空，它们有些很大，有些又很小。这类昆虫有着不同的颜色与花纹，有的是条纹状的，有的是斑点状的。世界上至少有15000种不同的蝴蝶。但是在它们的生命周期中，所有蝴蝶都会经历相同的改变或成长。现在，让我们以帝王蝶为例了解一下它们的生命周期吧。

神奇的帝王蝶

帝王蝶（又叫黑脉金斑蝶）是一个很厉害的飞行家。它可以长时间飞行而无须休息。有些帝王蝶一生中可以轻松飞翔数千公里。

但帝王蝶并非生来就有一双强有力的翅膀。和所有蝴蝶一样，在成为成年蝴蝶前，帝王蝶也需要经历很多变化。

为了到温暖一些的地方过冬，有些帝王蝶最远可以飞行3200千米。

生命的最初

蝴蝶的一生要经历4个阶段，分别是卵、幼虫、蝶蛹、成虫。帝王蝶生命的最初只是一枚小小的虫卵，这是它生命周期的第一个阶段。

卵

成虫

幼虫

蛹

变态一词是指"变化"。因为蝴蝶的形态在生命周期中会发生巨大的改变，所以我们说蝴蝶经历了"完全变态"发育。而其他一些昆虫，比如蚱蜢，形态并没有改变很大，因此它们的变态发育叫作"不完全变态"。

小小虫卵

一只雌帝王蝶正在乳草植物上产卵。通常，它会把卵产在乳草叶片的下面。

不久，一只小幼虫开始在卵内发育了。

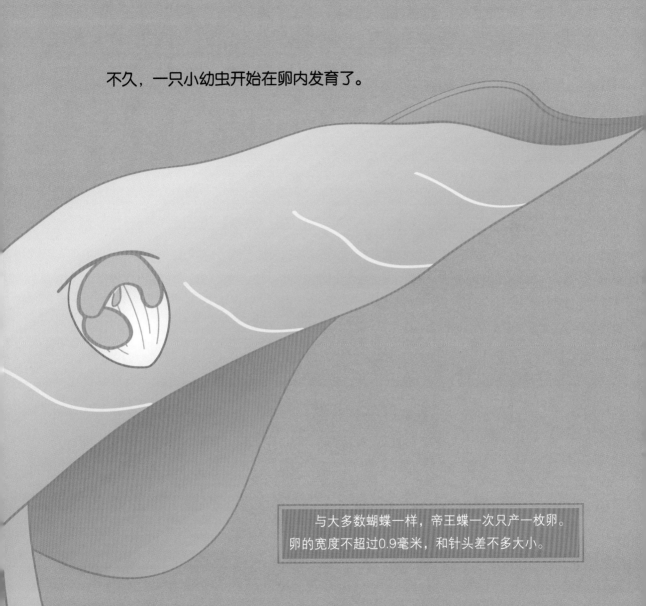

与大多数蝴蝶一样，帝王蝶一次只产一枚卵。
卵的宽度不超过0.9毫米，和针头差不多大小。

11

幼虫

　　根据温度的不同，一只幼虫从卵中孵化需要4~6天，幼虫也被称为毛虫。毛虫会先把软软的营养丰富的卵壳吃掉，然后它开始用力地嚼乳草叶子吃。毛虫至少要生长两周。如果温度较低，可能还需要更长的发育时间。

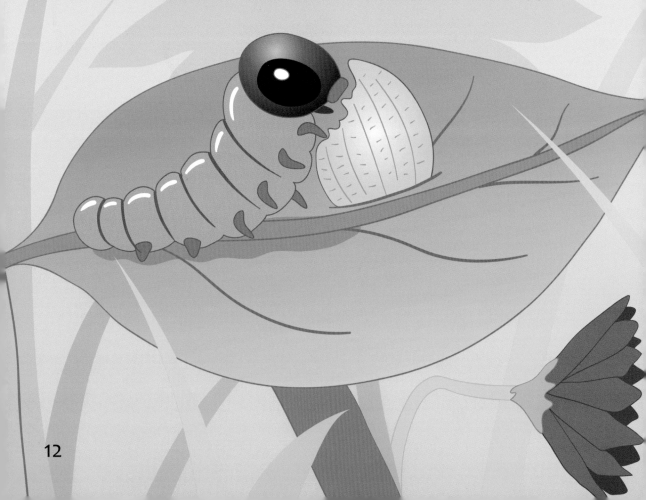

毛虫长大后，就开始蜕皮。首先，它会将身体的一段粘在乳草叶或藤蔓上；然后，毛虫的外皮裂开，长着新皮的身体开始出来。

蝶蛹

　　毛虫阶段会经过四次蜕皮，待第五次蜕皮后，它将形成一个蝶蛹。蝶蛹会借助由液体转化成的硬壳把自己包裹起来。这个硬壳叫作茧。在茧的内部将发生神奇的变化。

一进入"蛹"的状态，除保留器官部分外，蝶蛹的其他身体部分就逐渐分解，变为液体。这些液体会重新形成蝴蝶的身体，比如躯干、腿和翅膀。

15

展翅飞翔

大约两周后，硬硬的蛹壳开始裂开，一只新生的蝴蝶破茧而出。随后，蝴蝶开始伸展翅膀。此时它的翅膀还湿湿的、皱皱的，但它会静静地等待翅膀变干。

16

蝴蝶有一个口器，或者说长长的吸管。蝴蝶用口器觅食。口器由两部分组成，在第一次飞行之前，蝴蝶必须将这两部分口器合二为一。大约一个小时后，美丽的蝴蝶就振翅而飞，在天空飞舞！

蝴蝶的口器位于它们的头部下方，降落在花朵上后，蝴蝶会伸展开它那吸管一样的口器，吸食花朵里边的花蜜。

流连世界

　　以蝴蝶的形态，帝王蝶进入了激动人心的生命新阶段。它不再整日待在乳草植物上以乳草叶为食，而是开始流连花丛，啜饮花朵内甜美的花蜜。

帝王蝶无法在寒冷的地方生存。在冬天到来之前，北美洲地区的帝王蝶会往南迁徙，寻找温暖的生存环境。而其他种类的蝴蝶，有的会休眠一整个冬天，有的则会因低温而死亡。

生命周期循环

通常，在12月至来年8月期间破茧出生的帝王蝶，只有大约1个月的寿命。而那些在夏末或秋天出生的帝王蝶，能活8~9个月。在这段短短的时间里，帝王蝶要寻找到一位交配伴侣。雄帝王蝶通常会分泌一种特殊的气味来吸引雌帝王蝶。

交配后，雌帝王蝶会找到一个安全的地方产卵。这颗小小的虫卵就开始了一个全新的生命周期。不久之后，一只美丽的帝王蝶就会在天空翩翩起舞！

根据种类的不同，蝴蝶的生命周期也有长有短。例如，短的生命周期大约只有8周，而较长一点的可能会持续半年以上。蝴蝶最长的生命周期大约为18个月。

帝王蝶的生命周期

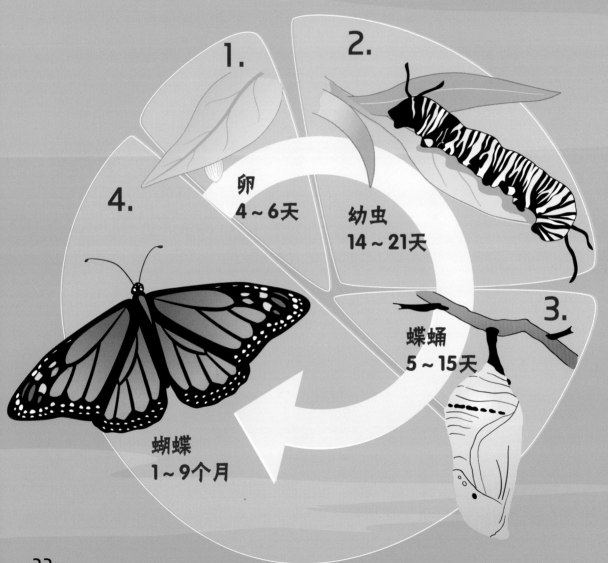

1.

2.

4.

卵
4～6天

幼虫
14～21天

蝶蛹
5～15天

3.

蝴蝶
1～9个月

有趣的冷知识

★ 成虫的体重大约比它出生时重2700倍！这也就是说，如果你刚出生时只有3.6千克重，参照毛虫的增长倍数，那么你最终的体重不亚于一只灰鲸！

★ 帝王蝶的翅展约为10.2厘米。而北美地区的褐小灰蝶是翅展最小的蝴蝶之一，仅为1厘米。亚历山大女皇鸟翼凤蝶是翅展最大的蝴蝶，它的双翅展开约宽27.9厘米，差不多是一张A4纸的长度。

★ 帝王蝶看起来像只有四只足，但其实所有蝴蝶都有六只足。帝王蝶的两只前足很小，紧紧蜷缩在身体上。

★ 一些乳草属植物是含有毒素的，而嚼食过乳草叶的帝王蝶体内也会聚积这种有毒物质，这对帝王蝶起到了很好的保护作用，避免了掠食者的侵袭。

成年帝王蝶